blv

Inhalt

Liebe Leserinnen und Leser,

mit Beginn der Dämmerung flattern sie durch die Lüfte. Oft weiß man nicht, ob es ein Vogel ist, dessen Schatten man vorbeihuschen sieht, oder eine Fledermaus.
Um herausfinden zu können, ob es sich um einen Vogel oder eine Fledermaus handelt, gab mir ein Junge auf einer meiner vielen Fledermausexkursionen den Rat, darauf zu achten, ob das Tier wie ein besoffener Vogel fliegt. Wenn ja, dann sei es eine Fledermaus. Diese sehr einfache kindliche Erklärung könnte nicht treffender sein. Also wenn Sie sich das nächste Mal nicht sicher sind, ob da ein Vogel oder eine Fledermaus in der Dämmerung fliegt, schauen Sie sich das Flugverhalten an!

Vor mehr als 30 Jahren hatte ich den ersten Kontakt mit Fledermäusen. Inzwischen habe ich mehrere Hunderte von ihnen gesund gepflegt oder Jungtiere von Hand aufgezogen, habe neue Quartiere für die Nachtjäger geschaffen und versucht, Jagdgebiete zu erhalten.
Die Faszination ist bis heute geblieben. Immer noch ist sehr wenig über die Lebensweise bekannt. Jede Fledermausart hat ihre Eigenheiten, deshalb bleibt der Umgang mit diesen Nachtjägern auch weiterhin spannend und birgt wohl noch viele Überraschungen.

Ich möchte Sie in diesem Buch in die Welt der einheimischen Fledermäuse entführen und etwas Licht ins Dunkel bringen. Tipps zum Umgang mit den Tieren werden Sie ebenfalls finden und Hinweise, was jeder tun kann, um den gefährdeten Nachtjägern zu helfen. Die vielen einzigartigen Fotos veranschaulichen den Text.

Viel Spaß beim Lesen!

Leben im Dunkeln

Sandmandala in einem buddhistischen Tempel (Qutun, China): In jeder Himmelsrichtung des Mandalas fliegt eine Fledermaus. Bei Vollmond wird es dem Wind überlassen, den Sand zu verwehen.

Wer nachts fliegt, hat einen Pakt mit dem Teufel

Fledermäuse sind doch blind und fliegen uns Menschen gerne in die Haare, oder? Und Blut trinken sie auch?! So oder ähnlich beginnen manchmal Gespräche über die einheimischen Fledermäuse. Denn auch heute noch ranken sich viele Mythen um diese nachtaktiven Tiere. Schon früh in der Menschheitsgeschichte und selbst in der Bibel schreibt man Fledermäusen negative Eigenschaften zu. Alte Malereien oder Fresken in katholischen Kirchen stellen den Teufel meist mit Fledermausflügeln dar, während die Engel immer prächtige, weiße Flügel haben.

Im Mittelalter mischte man Fledermausblut ins Schießpulver, damit die Pistolenkugel ihr Ziel nicht verfehlte. Fledermausblut auf die Gesichtshaut aufgetragen, sollte die Sehkraft in der Nacht verbessern.

In China bringen Fledermäuse Glück und Wohlstand, das chinesische Zeichen Fu steht sowohl für Glück als auch für Fledermaus. Haben sich Fledermäuse in einem chinesischen Haus eingenistet, werden dessen Bewohner der Volkssage nach immer reich, gesund und glücklich sein. Trotz jeden Aberglaubens aber gibt es auch in China Regionen, in denen Fledermäuse, wie oft in Asien, im Kochtopf landen.

Kleine hängende Hufeisennase: Bei dieser Art muss man nicht unbedingt nach körperlichen Merkmalen suchen, um das Geschlecht festzustellen. Man erkennt es auch an den unterschiedlich hohen Rufen.

Kleine Fledermausbiologie

Fledermäuse gehören zu den Säugetieren. Sie fliegen weltweit durch die Lüfte, nur am Nord- und Südpol wird man vergebens am Himmel nach ihnen Ausschau halten. Die Fledermaus ist nicht einmal über viele Ecken mit dem Nagetier Maus verwandt. Zu ihrer nächsten Verwandtschaft gehören eher Primaten.

Weltweit gibt es ca. 1300 Fledermausarten, Flughundearten mitgezählt. Jedes Jahr werden neue, bislang unbekannte Arten in den tropischen Wäldern oder auf Inseln entdeckt. Selbst in Europa sind in den letzten Jahren neue Arten beschrieben worden. Dabei erfolgen die Arteneinteilung und -unterscheidung mithilfe genetischer Untersuchungen. Eine Speichelprobe mit einem Wattestäbchen reicht allerdings dafür nicht aus. Man nimmt eher eine kleine Hautprobe aus dem Flügel, um sie genetisch untersuchen zu lassen.

Oft unterscheiden sich die Arten nur in wenigen Körpermerkmalen, ein paar Haare hier mehr, ein Knick im Ohr an anderer Stelle, ein Höcker auf der Nase oder unterschiedlich lange Fingerknochen. Selbst Fledermausexperten müssen oft genau hinsehen, um den Unterschied zu erkennen. Und apropos Unterscheidung: Wie erkennt man denn bei Fledermäusen Männchen und Weibchen? Die männlichen Fledermäuse tragen ihr Geschlecht sehr offen zur Schau, nur bei wenigen Arten muss man etwas suchen, um den Penis zu finden. Hatte ein Weibchen schon mal Nachwuchs, sieht man bei ihm gut die Zitzen, ansonsten gilt: Wenn unten nichts hängt, ist es ein Weibchen.

Bei den Hufeisennasen erkennt man das Geschlecht mittels eines Fledermausdetektors. Die Frauen rufen nämlich höher als ihre Männer.

Wochenstube der Kleinen Hufeisennase: Bei dieser Art sind die Jungtiere dunkelgrau. Die älteren haben eine graubraune Oberseite und eine (hell-)graue Unterseite.

Alterung und Lebenserwartung

Fledermäuse können je nach Art erstaunlich alt werden. Eine ausgiebige Schlafpause im Winter und nur wenige Nachkommen sind wahrscheinlich der Grund für ein langes Leben. Die Lebenserwartung ist bei vielen Tieren mit dem Fortpflanzungserfolg gekoppelt, bei wenig Nachwuchs erreichen sie ein eher hohes Alter, bei viel Nachwuchs sind sie früher tot. Große Mausohren etwa haben eine Lebenserwartung von über 20 Jahren und können auch noch im fortgeschrittenen Alter Nachwuchs bekommen. Die Kleine Zwergfledermaus dagegen wird meist nicht älter als 3–4 Jahre.

Eine genaue Altersbestimmung bei Fledermäusen war bisher nur bei beringten Tieren möglich. Die Nummer auf der Armklammer verrät das Geburtsjahr und den Fundort. Die älteste gefundene Fledermaus war 41 Jahre alt. Der Zustand der Zähne lässt bei Fledermäusen nur eine grobe Altersbestimmung zu. Abgenutzte Zähne und Zahnstein deuten auf ein höheres Alter hin. Bei Jungtieren fällt die Altersbestimmung leichter, denn sie haben meistens eine andere Fellfarbe als die älteren Tiere. Fledermäuse verändern ihre Fellfarbe im ersten Lebensjahr. Bei den Mausohren sind die gräulichen Jungtiere in einer Kolonie gut erkennbar. Bei der Zweifarbfledermaus kommen die charakteristischen hellen Fellspitzen erst nach einem Jahr zum Vorschein. Die jungen Wasser- oder Teichfledermäuse haben in den ersten Lebensjahren an der Unterlippe noch einen kleinen dunklen Pigmentfleck, der dann im Alter verschwindet.

Inzwischen ist es Forschern bei der Bechsteinfledermaus gelungen, aus einer sehr kleinen Flughautprobe das Alter des Tieres zu bestimmen. In Zukunft wird das sicher auch bei anderen Fledermausarten möglich sein.

Sinne und Orientierung

Bei einigen Arten wie den Langohrfledermäusen fallen die großen Ohren auf. Normalerweise sind diese bei unseren einheimischen Fledermausarten eher klein. Die Größe der Ohren gibt uns einen Hinweis auf die Leibspeise der jeweiligen Art. Langohren, aber auch Bechstein- und Wimperfledermäuse oder Mausohren, die europäischen Fledermausarten mit großen Lauschern, suchen nach raschelnder Beute an Büschen, Bäumen oder auf dem Waldboden. Kleine Ohren verraten, dass der Insektenfang in der Luft oder über Wasser stattfindet.

Ihre Nase setzen Fledermäuse bei der Paarung ein oder auch Mütter, um ihr Junges in der Kolonie zu finden. Ob der Geruch beim Beutefinden eingesetzt wird, weiß man nicht genau. Dem Großen Mausohr hilft er jedenfalls, um stinkende Laufkäfer aufzuspüren.

Alle Fledermausarten haben relativ kleine Augen. Blind sind die Tiere aber nicht. Fledermäuse sehen bei Tag ganz gut im Nahbereich und in der Dämmerung weit besser als wir Menschen. Bei völliger Dunkelheit reicht aber auch ihre Sehkraft nicht mehr aus. Frühfliegende Arten wie der Große Abendsegler können wenig Licht zur Jagd nutzen, aber irgendwann versagen auch bei ihnen die Augen. Farben sehen ist für die nachtaktiven, in Europa lebenden Fledermäuse nicht notwendig, denn nachts sind alle Insekten grau.

Im Gegensatz zum Mausohr (unten) und dem Grauen Langohr (links) gehören der Große Abendsegler (S. 58) und zum Beispiel auch die Mückenfledermaus (S. 66) eher zu den »kleinohrigen« Fledermausarten.

Orientierung mit Schallwellen: Das ortende Große Mausohr (oben) ruft durch das offene Maul in die Nacht. Die Große Hufeisennase (unten) gehört zu den wenigen Nasenrufern unter den europäischen Fledermausarten.

Beutefang mit Tönen

Erst 1938 gelang es dem amerikanischen Forscher Donald Griffin zusammen mit seinem Kollegen, dem Physiker George Piece, zu beweisen, dass Fledermäuse für uns nicht hörbare, im Ultraschallbereich liegende Rufe erzeugen. Das Navigationssystem der Fledermäuse wird Echoortung genannt. Während die Fledermaus fliegt, ruft sie unaufhörlich in die dunkle Nacht hinaus und wartet auf Antwort, d.h. auf Echos ihrer Rufe. Die Echos ihrer Rufe, die von einem Baum zurückkommen, hören sich ganz anders an als die von einem flatternden Insekt, und Echos von Hauswänden etwa unterscheiden sich von denen fahrender Autos. Nimmt die Fledermaus ein Hindernis wahr, muss sie es umfliegen, bei Nachtfaltern etwa macht sie sich fertig zum Insektenfang. Fledermäuse produzieren aber auch für uns Menschen hörbare Laute. Wenn sie miteinander im Quartier streiten oder sich draußen begegnen, werden Soziallaute ausgesandt. Ihre Sozialrufe klingen ähnlich wie das Zwitschern von Vögeln, sind nur sehr viel lauter.

Fast alle europäischen Fledermausarten rufen durch das Maul, deshalb ist es beim Fliegen immer geöffnet. Reine Nasenrufer sind die Hufeisennasen. Ihr hufeisenartiger Nasenaufsatz bündelt die ausgesandten Rufe, was bei der Insektenjagd Vorteile bringt. Andere Arten wie Langohren oder die Mopsfledermaus können zwischen Maul- und Nasenrufen hin und her wechseln. Fledermäuse »erhören« also ihre Umwelt und haben eine Art Hörkarte der Umgebung.

Fledermäuse sind übrigens nicht die einzigen Säugetiere, die sich akustisch orientieren und ihre Beute durch Echoortung aufspüren. Auch alle Zahnwale, darunter alle Delfine oder der Schweinswal, setzen diese Technik der Orientierung unter Wasser erfolgreich ein, dann heißt es allerdings Sonarortung.

Natürliche Feinde

Wahrscheinlich fliegen Fledermäuse schon deshalb nachts, weil fast alle Greifvögel tagaktiv sind. Bei Dunkelheit sind sie vor den Beutegreifern sicher. Während der Zugzeit im Herbst und Frühjahr allerdings fliegen die ziehenden Fledermausarten wie der Abendsegler auch schon mal am späten Nachmittag. Sperber, Falken und Kolkraben gehen dann gezielt auf Beutefang. Etwas Geschick gehört aber schon dazu, um die wendigen Fledermäuse zu erbeuten.

Bei Nacht sind Eulen wie Waldkauz und Schleiereulen sehr erfolgreiche Fledermausjäger. Sie fangen die Nachtjäger beim Ein- oder Ausflug am Quartier ab. Der nachtaktive Uhu ist zu behäbig. Nur ganz selten findet man in seinem Gewölle Fledermausknochen.

Der größte Feind der Fledermäuse am Boden ist, abgesehen vom Menschen, eindeutig die Hauskatze. Fledermäuse sind wie Schmetterlinge ein nettes Spielzeug für Katzen. Nur sehr selten fressen sie diese. Eine Fledermaus, die in die Fänge einer Katze geraten ist, hat meistens so schwere Verletzungen, dass sie eingeschläfert werden muss.
Auch der Marder kann den Nachtjägern gefährlich werden. Kommt das gut kletternde Raubtier in einen Dachstuhl oder in eine Höhle, kann es schlafende Fledermäuse leicht abfangen und verspeisen.

Zu den Beutegreifern der Fledermaus gehören die Schleiereule (links) oder der Kolkrabe (unten rechts). Aber auch der Steinmarder (unten links) kann ihr gefährlich werden.

Trinkendes Braunes Langohr: Die namensgebenden Ohren sind während des Fluges aufgerichtet. Das Braune Langohr beherrscht sogar den Rüttelflug, wobei es auf der Stelle zu schweben scheint.

Fliegen mit den Händen

Vor über 65 Millionen Jahren hat vermutlich die erste Fledermaus den Luftraum erobert. Der Urur… urahn unserer heutigen Nachtjäger hat also noch die letzten Dinosaurier gesehen. Ob die Urfledermaus in der Nacht oder am Tag flog, wissen wir bis heute nicht.

Wahrscheinlich entwickelte sich bei einem baumkletternden, von Ast zu Ast springenden kleinen Säugetier, das wir bis heute nicht kennen, eine Art Flügel. Erst viele Generationen später aber waren die Flügel so groß, dass sie das Körpergewicht der Urfledermaus tragen konnten. Auch unsere Fledermäuse sind nach ihrer Geburt noch nicht gleich flugfähig. Erst müssen sich die Hautfalten, aus denen die Flügel entstehen, nach und nach dehnen und die Fingerknochen länger werden.

Mit Highspeed durch den Nachthimmel

Die meisten Fledermäuse fliegen mit E-Bike-Geschwindigkeit durch die Nacht. Einige Arten wie der Große Abendsegler oder die Bulldoggfledermaus sind zum Schnellflug geboren. Ihre Flügel sind durch ihre schmale, aber lange Form zu Geschwindigkeiten von bis zu 50 Stundenkilometern fähig. Die Schnelligkeit ist für den Großen Abendsegler besonders hilfreich beim über 1000 Kilometer langen Herbst- oder Frühjahrszug. Die schnellste europäische Fledermaus ist aber die Langflügelfledermaus. Sie fliegt mit über 70 km/h durch den Nachthimmel.

Bei Fledermäusen sind Mittelhandknochen stark verlängert, sie fliegen also mit den Händen (rechts: Großes Mausohr). Bei dem Grauen Langohr (Mitte) ist die Schwanzflughaut gut zu erkennen. Ganz unten sieht man die Krallen.

Die Schwanzflughaut

Fledermäuse fliegen mit den Händen, deshalb werden sie auch oft Handflügler genannt. Die Flügel bestehen aus der Flughaut und den Fingern. Viele elastische Fasern und Muskeln in der Flughaut sorgen für Flugstabilität. Die Finger, der Ober- und Unterarm und der Schwanz mit Knochenspange sind sozusagen das Gerüst, um den Flügel und die Schwanzflughaut aufzuspannen.

Die Schwanzflughaut, die sich bei unseren einheimischen Arten zwischen Schwanz und Hinterbeinen spannt, hat eine wichtige Funktion beim Insektenfang. Wie ein Kescher werden mit ihr Fliegen, Mücken oder Schmetterlinge sicher aus der Luft, von Blättern oder von der Wasseroberfläche abgefangen. Anschließend wird mit dem Maul die Beute aus der Schwanzflughaut geholt und meist schmatzend im Flug verspeist.

Die Krallen

Nur ein Finger liegt außerhalb des Flügels, der Daumen, und nur er besitzt noch eine Kralle. Alle anderen Finger sind krallenlos. Die Daumenkralle kann beim Klettern im Quartier oder zum Festhalten sehr nützlich sein. Bei einigen in den Tropen lebenden Fledermausarten, die im Hängen fressen, wird die Daumenkralle als eine Art Gabel zum Festhalten des Futters benutzt. Dagegen haben alle Fußzehen der Fledermäuse Krallen. Diese helfen nicht nur beim sicheren Hängen, sondern haben eine nützliche Funktion bei der Fellpflege. Wie mit einem Kamm fahren sich die Nachtjäger mit dem Hinterfuß durch ihr Fell und halten es so sauber. Auch Speisereste am Maul lassen sich mit den Krallen einfach entfernen.

Gute Zähne für harte Beute

Das Große Mausohr liebt große Laufkäfer, die es im Wald findet. Zum Knacken der harten Panzer braucht es deshalb ein gutes Gebiss mit hoher Beißkraft. Die Zwergfledermaus dagegen frisst eher kleine Weichinsekten. Oft kommen die Zwergfledermäuse in der Dämmerung uns Menschen sehr nahe. Sie kreisen knapp über unserem Kopf, allerdings nicht, weil sie zur Landung ansetzen, sondern weil sie die Insekten fangen wollen, die sich in einer Art Wärmeglocke über uns ansammeln.

Insektenfressende Fledermäuse haben fast alle so viele Zähne wie wir Menschen, also 32. Schon neugeborene Fledermäuse haben, mit Ausnahme der Hufeisennasen, ein Milchgebiss: kleine, nach hinten gerichtete hakenförmige Zähnchen. Mit ihnen können sie sich an den Milchzitzen der Mutter festhalten und gehen so, sollte ein Umzug anstehen, nicht verloren. Die wenigen Milchzähne fallen nach einigen Tagen wieder aus. Ganz langsam schieben dann die Zähne des Erwachsenengebisses nach. Sind alle Zähne da, steht dem ersten Insektenmahl nichts mehr im Wege.
Hufeisennasen kommen gleich mit Eckzähnen auf die Welt. Ihre Mütter haben in der Hüftgegend spezielle milchlose Haftzitzen, woran sich das Neugeborene mit seinen Zähnchen festhalten kann.

Deutlich zu erkennen auf dem Foto der Hufeisennase (links), die die Beute mit ihrem Flügel zum Maul führt, sind die Reißzähne. Unten sieht man das Gebiss einer kleinen Bartfledermaus.

Die Vampirfledermaus kommt nur in Mittel- und Südamerika vor. Sie ist kaum größer als ein Großer Abendsegler. Auf dem Bild sieht man die großen dreieckigen Schneidezähne .

Die Vampire unter den Fledermäusen

Bei Fledermäusen denken viele automatisch an Batman oder an Graf Dracula mit seinen typischen langen Reißzähnen. Diese Reißzähne haben allerdings nicht nur Fledermäuse, sondern auch andere Raubtiere.

Die echten Vampirfledermäuse, von denen es drei Arten gibt, leben in Mittel- und Südamerika. Sie haben sogar die wenigsten Zähne, denn kauen müssen sie ja nicht. Die Vampirfledermaus hat zwei dreieckige, große Schneidezähne und ernährt sich als einziges aller Säugetiere nur von Blut. Mit ihren messerscharfen Schneidezähnen ritzt sie die Haut der Opfer an oder beißt ein kleines Stück Haut heraus. Dann gibt sie etwas gerinnungshemmende Spucke in die Wunde, und schon fließt das Blut lang genug, um satt zu werden. Im Gegensatz zu Dracula lecken Vampirfledermäuse das austretende Blut auf und saugen nicht an der Wunde.

Die tägliche Ration Blut, die eine Vampirfledermaus braucht, passt in einen Esslöffel. Der Vampirbiss kann jedoch gefährlich werden, wenn bei der Blutmahlzeit Krankheiten übertragen werden. Zudem entstehen durch die Bisse schlecht heilende Wunden, die von Fliegen gerne zur Eiablage genutzt werden. Eine Vampirfledermaus kommt, wenn es möglich ist, jede Nacht an ihre tierische Bluttankstelle zurück.

Insektensupermarkt gesucht

Insekten sind heiß begehrtes Futter. Als Jagdgebiete nutzen Fledermäuse Parks, Gärten, Gewässer, Wälder und auch Streuobstwiesen.

Wo und wie finden Fledermäuse Futter?

Fledermäuse sind sehr erfolgreiche Insektenvertilger. Zwei Drittel aller Fledermausarten weltweit ernähren sich von Insekten. Die mit 5 Gramm und 20 Zentimeter Flügelspannweite kleinste europäische Fledermaus, die Zwergfledermaus, verspeist in einer Nacht bis zu 3000 Stechmücken oder andere Kleininsekten. Säugende Zwergfledermausmütter fangen annähernd doppelt so viel in nur einer Nacht.

Insekten finden Fledermäuse in Städten, Dörfern, Parks, in Streuobstwiesen, an Gewässern oder im Wald. Einige Arten nutzen regelmäßig den »Insektensupermarkt« an Straßenlampen. Doch die Umstellung auf LED-Lampen lässt die Insektenfülle unter den Straßenbeleuchtungen schrumpfen.

Jagdstrategien

Fast alle Fledermausarten verspeisen ihre Beute im Flug. Bei Nachtfaltern und Käfern werden lästige, harte Körperteile wie Flügel und Beine abgetrennt – und das alles im Flug und ohne Unterstützung von Händen. Weichinsekten dagegen, wie Fliegen oder Mücken, werden im Ganzen verspeist.

Das lichtscheue Große Mausohr, mit 25 bis 30 Gramm die größte Fledermausart im Mitteleuropa, sucht nach Laufkäfern und anderen Gliedertieren auf dem Waldboden. Dazu fliegt es in geringer Höhe über den Boden hinweg. Hat es einen Käfer im Laub gehört, lässt es sich fallen und sucht nach der

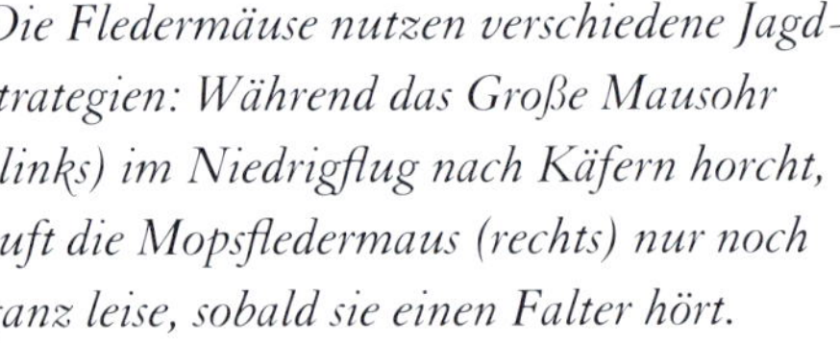

Die Fledermäuse nutzen verschiedene Jagdstrategien: Während das Große Mausohr (links) im Niedrigflug nach Käfern horcht, ruft die Mopsfledermaus (rechts) nur noch ganz leise, sobald sie einen Falter hört.

Leibspeise. Dann schnappt es ihn mit dem Mund und erhebt sich wieder in die Lüfte. Um satt zu werden, reichen ihm wenige große Käfer.

Weitere Fangspezialisten unter den Fledermäusen sind die Wimper-, die Fransen- und die Wasserfledermaus. Wimper- und Fransenfledermäuse fangen sich abseilende Spinnen oder Raupen. Die Fransenfledermaus kann mit der Spitze ihrer Schwanzflughaut Spinnen so zielgenau aus dem Netz holen, dass es dabei nicht einmal berührt wird. Dieselbe Technik wendet die Wasserfledermaus an, wenn sie Insekten von der Wasseroberfläche absammelt. Zudem nutzt sie ihre großen Hinterbeine zum Abfang.

Leichte Beute?

Nicht alle Nachtschmetterlinge sind chancenlos, wenn die Fledermaus im Jagdmodus ist. Einige Eulenfalter, Bärenspinner und alle Spannerarten können die Nachtjäger nämlich hören. Bärenspinner haben eine einfache wie effektive Technik entwickelt, den Feind abzuwehren. Nähert sich eine Fledermaus, produzieren sie Störgeräusche. Die Fledermaus wird dadurch verwirrt und findet den leckeren Falter nicht mehr. Eulenfalter setzen eine andere Überlebensstrategie ein: Hören sie die Fledermaus kommen, klappen sie die Flügel zusammen, fallen zu Boden und verschwinden so vom Radar der Fledermaus.

Aber auch die Fledermäuse bleiben nicht untätig und rüsten nach. Die Mopsfledermaus etwa ruft einfach leiser, wenn sie einen Falter gehört hat. Die Beute kann diese sehr leisen Rufe nicht mehr hören und wird gefangen.

Das Schlechtwetterprogramm

Bei Regenperioden, in denen es nicht genügend Nahrung gibt, fliegen die Fledermäuse nicht zum Jagen aus. Sie fahren ihre Körpertemperatur herunter, und Regennächte werden einfach verschlafen.

Die Weibchen der Wimper- und auch Fransenfledermaus haben in einigen Regionen eine sehr pragmatische Lösung zur Futterbeschaffung bei Regenwetter gefunden. Sie jagen dann gerne nach Fliegen in klassischen Kuhställen.

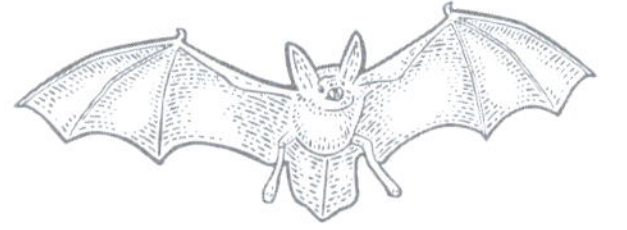

Dass sie auf dem Weg in den Stall nass werden, stört die Fledermäuse nicht. Im Fliegen-Eldorado Kuhstall können sie wetterunabhängig die ganze Nacht Nahrung von der Decke sammeln oder diese im Flug erbeuten. Eine Gruppe Wimperfledermäuse ging sogar so weit, ihr Quartier einfach direkt in den warmen Kuhstall zu verlagern. Futterbeschaffung und Wohnen unter einem Dach, praktischer geht es gar nicht.

Die moderne Offenstallhaltung verdrängt den klassischen Kuhstall immer mehr. Bei Fledermäusen sind diese nicht sehr beliebt, da dort nicht viel Nahrung zu finden ist.

Eine Wimperfledermaus hat ihre Wochenstube gleich in den Kuhstall verlegt, praktischer geht es nicht. Mittlerweile wurde der landwirtschaftliche Betrieb eingestellt. Jetzt wohnen die Tiere im Silo nebenan und sind wieder den Wetterbedingungen ausgesetzt.

Öfter mal was Neues

Von den über 30 europäischen Fledermausarten gibt es zwei, die gelegentlich ihren Speiseplan ändern: der Riesenabendsegler und die Langfußfledermaus.

Der Riesenabendsegler, der in Süd- und Osteuropa lebt, geht gerne auf nächtlichen Singvogelfang. Während deren Zugzeit im Herbst und Frühjahr jagt er kleine Singvögel wie Rotschwänzchen oder Grasmücken, die unterwegs nach Afrika sind oder im Frühjahr wieder nach Europa zurückkommen.

Die mittelgroße Langfußfledermaus jagt wie ihre Schwesterarten, die Wasser- und die Teichfledermaus, an der Wasseroberfläche nach Insekten, vor allem nach Zuckmücken. Gelegentlich steht ihr aber der Sinn nach Abwechslung. Vor allem die spanische Verwandtschaft der Langfußfledermaus greift sich mit den großen Füßen gerne zappelnde kleine Fische von der Wasseroberfläche ab. Unter Wasser sind die Fische sicher, denn die Ortungsrufe der Fledermaus dringen nicht hinein. Sobald der Fisch aber die Wasseroberfläche durchbricht oder gar kurz aus dem Wasser springt, ist es um ihn geschehen. Beobachten kann man den nächtlichen Jäger knapp über der Wasseroberfläche fliegend in Bulgarien, in Griechenland, Süditalien und entlang der Mittelmeerküste.

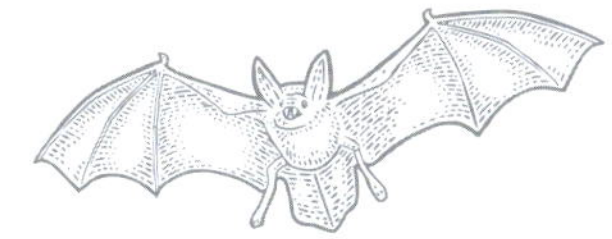

Der Riesenabendsegler (links) ist die größte europäische Fledermaus und jagt während der Zugzeit im Herbst auch kleinere Vögel. Auch die Wasserfledermaus (unten) weicht hin und wieder vom Insektenmahl ab und erbeutet mit ihren großen Füßen kleinere Fische.

Die Futtervorlieben der tropischen Verwandtschaft

Viel mehr Fledermausarten und eine höhere Artendichte als bei uns gibt es in den Tropen. Hier ist Nahrung ganzjährig verfügbar und Futter reichlich vorhanden.

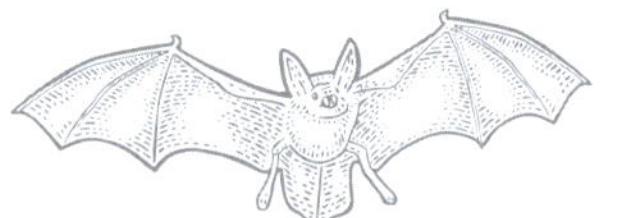

Fledermäuse und Flughunde spielen eine wichtige Rolle bei der Bestäubung und Verbreitung von Pflanzen. Auch die Blüten, die von Fledermäusen bestäubt werden, locken mit Nektar. Die meisten von ihnen sind gut anfliegbar, oft weiß, riechen eher unangenehm und öffnen sich erst nachts.
Durian, Papaya und Mango sind nur einige Früchte, die wir dank ihrer Bestäubung genießen können.

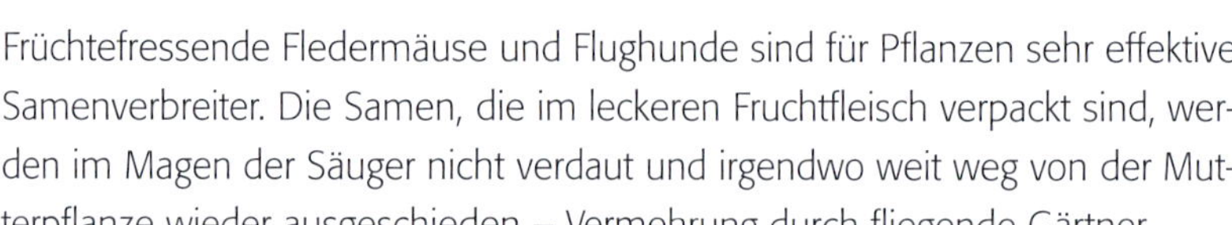

Früchtefressende Fledermäuse und Flughunde sind für Pflanzen sehr effektive Samenverbreiter. Die Samen, die im leckeren Fruchtfleisch verpackt sind, werden im Magen der Säuger nicht verdaut und irgendwo weit weg von der Mutterpflanze wieder ausgeschieden – Vermehrung durch fliegende Gärtner.

Aber auf dem Speisezettel tropischer Fledermäuse stehen außer Insekten und Nektar auch noch andere Leckerbissen wie verschiedene Früchte, kleine Wirbeltiere, Skorpione, Fische, kleine Vögel und andere Fledermäuse.

Bei der Jamaika-Fruchtfledermaus (unten) stehen Feigen ganz oben auf der Speisekarte. Auch die Blütenfledermaus (rechts) ernährt sich von Früchten, Nektar, Pollen, aber auch Insekten. Sie spielt eine wichtige Rolle bei der Bestäubung von Blütenpflanzen.

Fledermausquartiere

Nach dem Winterschlaf suchen Fledermäuse Sommerquartiere auf. Verlassene Baumhöhlen, aber auch Spalten hinter abgeplatzter Rinde eignen sich als Schlafplätze für den Tag. Links sieht man Große Mausohren beim Schlafen.

Wohnen im Verborgenen – die Sommerquartiere

Ob Baumfledermaus oder Gebäude bewohnende Fledermaus, ob Männchen oder Weibchen: Tagsüber verstecken sich alle. Sieht man eine Fledermaus bei Tag irgendwo frei hängend schlafen, stimmt etwas nicht mit ihr. Eine gesunde mitteleuropäische Fledermaus würde normalerweise nie einen Schlafplatz im Sonnenlicht wählen.

Fledermäuse wohnen je nach Jahreszeit in unterschiedlichen Quartieren. Wenn der Winterschlaf vorbei ist, sind Schlafplätze für tagsüber auf dem Dachboden, hinter Fassadenverkleidungen, Attiken von Hochhäusern und Fensterläden oder in Baumhöhlen angesagt. Die meisten einheimischen Fledermausarten wohnen im Sommer, manche auch im Winter, in Baumhöhlen. Verlassene Spechthöhlen, ausgefaulte Astlöcher oder durch Blitzeinschlag gespaltene Stämme eignen sich als Tagesquartier. »Baumfledermäuse« sind sehr unstet, was ihr Schlafquartier angeht. Sie wechseln die Quartiere fortwährend. Lästige blutsaugende Parasiten in der Baumhöhle könnten ein Grund dafür sein.

Fledermausweibchen brauchen zur Jungenaufzucht im Sommer (siehe Seite 57) warme Quartiere. Nur so gedeihen ihre Kinder gut. Deshalb wohnen sie in dieser Zeit nur in Höhlen, wenn diese warm genug sind. Männchen sind da weniger wählerisch, für sie ist auch der Eingangsbereich einer sonst kühlen Höhle im Sommer ein guter Tagesschlafplatz.

Im Spätsommer verirren sich Fledermäuse, die ein neues Quartier suchen, öfter einmal in menschlichen Behausungen. Gerade unerfahrene Zwergfledermäuse (rechts) fliegen häufiger in Wohnungen, um den Tag zu überschlafen.

Wenn Fledermäuse im Sommer nach dem Jagdzug frühmorgens nach Hause zurückkommen, wird erst mal geschlafen.

Nächtliche Einflieger

Im Spätsommer beziehen Fledermäuse oft Zwischenquartiere auf dem Weg zum Winterquartier. In dieser Zeit kommt es sehr oft zu Einflügen in Wohnungen. Öfter mal woanders übernachten und neue Quartiere suchen heißt die Devise. Gekippte Fenster oder offene Terrassentüren laden zum »Übertagen« ein. Nicht selten sieht man als Bewohner die ganze Bescherung erst am Morgen. Kleine Kothäufchen auf der Bettdecke oder auf dem Wohnzimmerteppich veranlassen eine größere Suchaktion nach dem Verursacher.

Dunkle, dichte Vorhänge werden gern als Schlafplatz genutzt. Sind keine Vorhänge vorhanden, ist die Suche nach den Tieren, vor allem bei Einzeltieren, wenig erfolgversprechend. Die Winzlinge drücken sich in die kleinste Spalte, um ungestört schlafen zu können.

Der sicherste Weg, die Fledermäuse aus der Wohnung zu bekommen, ist, sie am frühen Morgen, mit einem Tuch abzulesen, dann sicher im Schuhkarton (siehe Seite 68) aufzubewahren, um sie am Abend dann wieder nach draußen fliegen zu lassen. Stört man die Fledermaus morgens im Tiefschlaf, zum Beispiel durch Schließen eines Fensterladens, hinter dem ihr Schlafplatz ist, dann fällt sie wie ein Stein zu Boden. Ein Reflex sorgt im besten Fall dafür, dass sie noch schnell die Flügel öffnet.

Fledermaustoilette

Fledermäuse haben eine schnelle Verdauung. Eine Stunde nach dem Fressen wird der unverdauliche Teil der Insektennahrung schon wieder ausgeschieden.

Wenn die Tiere draußen fliegen, wird das Geschäft im Flug erledigt. Aber auch im Quartier müssen sie natürlich mal auf die Toilette. Im Hängen drücken sie sich dann mit den Hinterbeinen ab, sodass Kotkrümel oder Urin nach unten fallen und das Fell nicht beschmutzen. Bei der Toilette im Sitzen wird einfach die Schwanzflughaut angehoben, damit nichts nass wird. In Baumhöhlen oder Fledermausrundkästen sammelt sich der Kot am Boden an. Vielleicht auch ein Grund dafür, dass sie den Baum oder den Kasten öfter wechseln.

Fledermaushangplätze auf Dachböden findet man leicht, denn hier finden sich mehr oder weniger große Kothäufchen am Boden. Die Hinterlassenschaft in Form von kleinen Würstchen sieht zwar aus wie Mäusekot, ist aber trocken und zerfällt sofort, wenn man den Kot zwischen den Fingern verreibt. Er enthält viele Chitinteile von gefressenen Insekten.
Übrigens: Als Gartendünger ist Fledermauskot sehr begehrt. Tomaten, Kartoffeln und auch Orchideen gedeihen besonders gut mit ihm. Nur sollte er sparsam verwendet werden, sonst schießen die Pflanzen ins Kraut.

Wenn Fledermäuse im Flug auf die Toilette müssen, erledigen sie das einfach nebenher. Im Hängen drücken sie sich mit den Hinterbeinen so ab, dass alles nach unten fällt. Bei der Toilette im Sitzen wird die Schwanzflughaut angehoben, so wie bei dem Braunen Langohr unten.

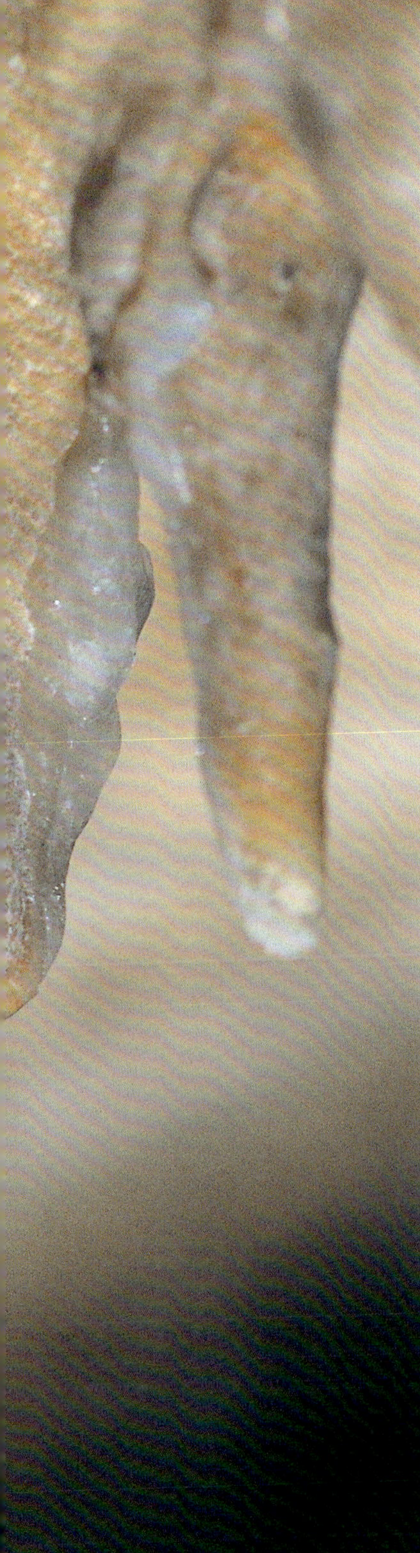

Für den Winterschlaf von Oktober bis April bevorzugt die Große Hufeisennase feuchte Höhlen, Bergstollen oder andere unterirdische Gewölbe. Beim Schlafen wickelt sie sich in ihre Flügel ein.

Winterschlaf

Die futterfreie Zeit, der Winter, wird verschlafen. Die Fledermäuse fressen sich im Herbst den Winterspeck an, der überwiegend im Bereich des Nackens als braunes Fettgewebe eingelagert wird. Im Winterschlaf werden Atmung und Herzschlag auf ein Minimum reduziert, und die Körpertemperatur sinkt auf wenige Grade über der Umgebungstemperatur ab. Das ist wichtig, weil die Tiere so Energie sparen. Das Fettpolster bringt die notwendige Energie, um den Körper während kurzer Aufwachphasen im Winter sowie auch im Frühjahr auf 38 Grad »Betriebstemperatur« hochheizen zu können. Erst ab dieser Körpertemperatur sind Fledermäuse flugfähig. Während die Aufwachphase im Sommer nur wenige Minuten braucht, kann diese im Winter schon einmal 45 Minuten dauern, je nachdem, wie niedrig die Körpertemperatur ist.

Während des Winters schlafen Fledermäuse nicht die ganze Zeit tief und fest. Dass sie sich öfters mal umhängen, ist durchaus üblich, und bei dieser Gelegenheit erledigen sie auch gleich den Toilettengang (siehe Seite 49). Wenn die Körpertemperatur unter null Grad sinkt und der Frost zu lange dauert, wachen sie durch einen Alarmmechanismus auf und suchen sich schnellstens einen besseren Unterschlupf.

Geschlafen wird gut versteckt in tiefen Spalten, entweder einzeln oder in Gruppen von der Decke hängend. Als Winterschlafquartiere dienen Höhlen, Bunker, Stollen, Keller, frostfreie Fassaden, dickwandige Mauern oder Bäume und auch Holzstapel. Um Winterschlafplätze in Höhlen vor Störungen durch Besucher zu schützen und den Fledermäusen unnötiges, energiezehrendes Aufwachen zu ersparen, werden Höhleneingänge wichtiger Überwinterungsquartiere oft vergittert.

Kopfunter schlafen

Fledermäuse schlafen meist kopfunter, aber längst nicht immer. In manchen Quartieren ist so wenig Platz, dass auch mal in der Waagerechten geruht werden muss. Nur die Große und die Kleine Hufeisennase, wie immer die Ausnahme, schlafen sommers wie winters kopfunter. Nur diese Arten wickeln sich im Schlaf auch in ihre Flügel ein. Alle anderen falten die Flügel bei der Landung zusammen wie einen Fächer.

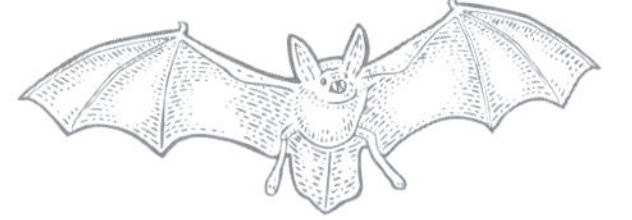

Dass Fledermäuse immer kopfunter schlafen, ist eine weitverbreitete Vorstellung. Oft aber ruhen sie auch in der Waagerechten (siehe unten: Wasserfledermäuse). Nur die Hufeisennasen (rechts) schlafen immer mit dem Kopf nach unten hängend.

Schaut man sich die Hinterbeine der Fledermäuse genauer an, sieht man, dass das Knie in die falsche Richtung zeigt, genau andersherum als unsere Knie. Andernfalls würde die Fledermaus immer auf ihre Bauchseite schauen und könnte Feinde vielleicht nicht schnell genug wahrnehmen. Mit der »falschen« Kniestellung ist der Blick ungehindert nach vorne möglich und ebenso ein schneller Abflug, sollte sich ein Feind nähern.

Sich abhängen ist für die Nachtjäger mit keinerlei Kraftaufwand verbunden. Einmal an der Wand, der Decke oder am Ast eingehängt, sorgt ein Sperrmechanismus aus Sehnen und Muskeln für entspanntes Hängen. Wenn die Fledermaus wieder wegfliegen möchte, muss sie diesen Mechanismus allerdings aktiv wieder entsperren. Tote Tiere bleiben deshalb einfach hängen.

Fortpflanzung und Jungenaufzucht

Die Zweifarbfledermaus (links) bringt sogar manchmal Drillinge zur Welt. Rechts oben ist eine Fransenfledermaus zu sehen, die ihr Junges im Quartier begrüßt. Beim Großen Mausohr leben viele Weibchen in einer Wochenstube zusammen (unten).

Nachwuchs ist angesagt

Fledermausfrauen lagern nach der Paarung im Herbst und Winter die männlichen Spermien bis zum Frühjahr ein, erst dann erfolgt die Befruchtung und somit die Trächtigkeit. Bei der Langflügelfledermaus entwickelt sich gleich nach der Paarung der Embryo, der aber während des Winterschlafes nicht weiterwächst, sondern ebenfalls ruht. Nach einer Tragzeit von 6–9 Wochen bekommen die Weibchen zwischen Mai und Juli dann ihren Nachwuchs. Aber nicht jedes Frühjahr ist dafür optimal. Bei Regen und Kälte verschlafen die werdenden Mütter das schlechte Wetter (siehe Seite 36). Sie halten ihre Körpertemperatur niedrig, und dadurch wächst auch der Embryo nur noch sehr langsam. Sobald es wieder warm ist und Futter im Überfluss vorhanden ist, entwickelt sich das Ungeborene weiter.

Fledermäuse bauen kein Nest, die Nestfunktion übernimmt die Mutter. Die Männchen europäischer Arten spielen keine Rolle bei der Jungenaufzucht, sie leben im Sommer meist alleine oder in Männerwohngemeinschaften. Die Weibchenquartiere, wo die Jungen zur Welt kommen, werden Wochenstuben genannt. Bei der Bartfledermaus etwa reicht ein Quartier hinter einem Fensterladen für die 4–5 Weibchen völlig aus, während bei Großen Mausohren bis zu 2000 Weibchen in großen Dachböden zusammenleben.

Bei fast allen Fledermausarten gilt die Ein-Kind-Politik, bei der Zwerg-, Mücken- oder der Zweifarbfledermaus sowie beim Großen Abendsegler bringen die Mütter öfter Zwillinge zur Welt. Dass eine Mutter mehr als zwei Jungtiere bekommt, ist sehr selten, denn Fledermausweibchen haben nur zwei Milchzitzen. Nur die Zweifarbfledermaus hat zwei Zitzen auf jeder Seite.

Jungtiere größerer Arten wie der Abendsegler (links) brauchen ein wenig länger, um selbstständig zu werden. Die Neugeborenen sind noch nackt und blind (rechts: junge Bechsteinfledermaus, darunter Hufeisennase).

Die Jungtiere kommen oft mit den Füßen zuerst auf die Welt und können die Geburt erleichtern, indem sie sich aktiv herausziehen. Für die Geburt hängt sich das Weibchen meist mit dem Kopf nach oben. Plumpst das Neugeborene heraus und kann sich nicht gleich mit den großen Füßen an der Mutter festhalten, dann kommt der Hilfsfallschirm zum Einsatz, die aufgespannte Schwanzflughaut (siehe Seite S. 24 Mitte).

Wie die Jungtiere erwachsen werden

Bei Neugeborenen sind die Flügel und Unterarme noch nicht voll entwickelt. Ganz wichtig für die Jungtiere ist ein sicherer Halt am Körper der Mutter. Vermutlich deshalb sind ihre Füße und der Daumen fast schon so groß wie bei ausgewachsenen Tieren.

Die nackten und blinden Neugeborenen haben ein sehr hohes Geburtsgewicht. Bei der Zwergfledermaus, die gerade 4,5–5 Gramm wiegt, bringt ein Baby stolze 0,8 Gramm auf die Waage, bei Zwillingen wären das schon 1,6 Gramm, also fast ein Drittel des Körpergewichts der Mutter. Die gehaltvolle Muttermilch tut ihr Übriges, damit die Kleinen sehr schnell erwachsen werden. Ein Zwergfledermausjungtier kann unter guten Bedingungen drei Wochen nach der Geburt fliegen und selbstständig Insekten jagen. Die Jungtiere größerer Arten, wie Große Mausohren oder Abendsegler, brauchen bis zu sechs Wochen, um selbstständig zu werden. Geht die Mutter am Abend auf Insektenfang, bleibt der Nachwuchs daheim.

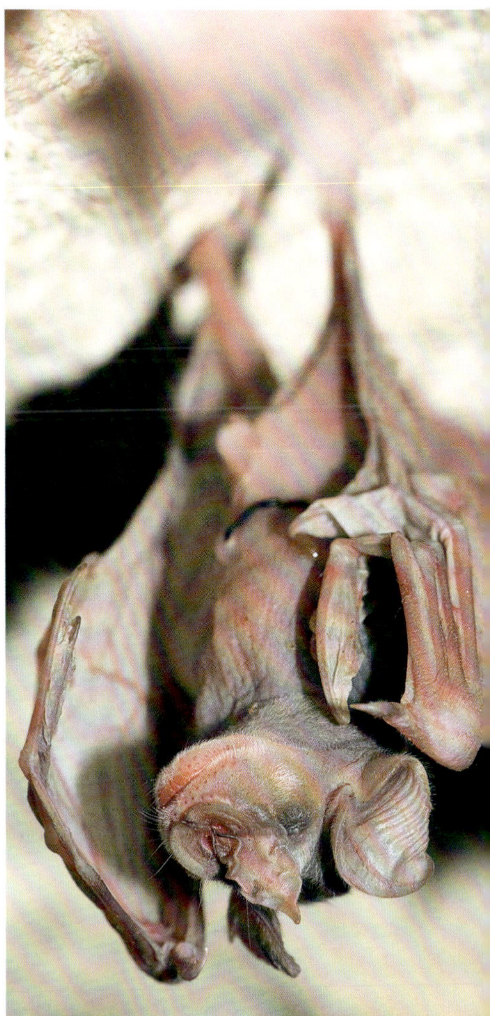

Gelegentlich wurde beobachtet, dass kinderlose Weibchen auf die Kleinen aufpassen. Kommen die Mütter frühmorgens ins Quartier zurück, fliegen sie zur Kindergartengruppe und rufen nach ihrem Kind. Sofort krabbelt ihr Junges an den Rand der Gruppe und saugt sich an der Milchzitze fest. Nach einem kurzen Geruchstest durch die Mutter, ob es auch wirklich das eigene Kind ist und nicht ein kleiner durstiger Milchdieb, begeben sie sich gemeinsam zum Schlafplatz.

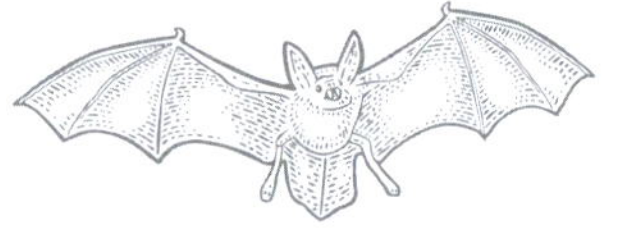

Die Jungen warten im Quartier auf ihre Mütter (rechts: Große Hufeisennase fliegt mit ihrem Jungtier zum Schlafplatz). Die Halbstarken bereiten sich mit Flügeldehnübungen schon auf das Fliegen vor (unten: Mausohren).

Während die Mutter sich von der anstrengenden nächtlichen Insektenjagd erholt, nuckelt das Kleinkind den ganzen Tag an der Zitze. Je älter die Jungtiere werden, desto länger jagen die Mütter draußen. Zeit genug für die Halbstarken, die ersten Flugversuche zu unternehmen. Ihre Flügel sind nun groß genug, um ihr Körpergewicht zu tragen.

Das Probefliegen findet im Dachstuhl statt oder bei engen Quartieren, wie hinter einer Verkleidung, auch draußen vor dem Quartier. Aus unbeholfenen Flugversuchen zu Beginn gehen in wenigen Tagen wendige und ausdauernde Flieger hervor. Nur der Fangerfolg will trotz Echoortung noch nicht so recht klappen. Gut, dass die Mutter noch Milch hat, wenn auch nicht mehr lange. Bis zum Winter bleibt den Jungtieren noch Zeit, um den Insektenfang zu perfektionieren.

Die nächste Generation planen

Nach erfolgter Jungtieraufzucht können die Fledermausweibchen erst mal entspannen, denn nun gilt es nur noch den eigenen Hunger zu stillen.
Jetzt wird das andere Geschlecht wieder interessant, und Kolonien mischen sich. Die Fledermausfrauen bekommen jetzt in ihren Quartieren Männerbesuch oder gehen selbst auf Bräutigamschau. Die Weibchen des Großen Abendseglers, die den Sommer im Norden verbracht haben, fliegen zur Paarung und Überwinterung gen Süden. Dabei legen sie oft über 1000 Kilometer Wegstrecke zu ihren Männern zurück. Die meisten anderen Fledermausweibchen suchen ihre paarungswilligen Männchen und Winterquartiere im weiteren Umkreis der Sommerwohnungen.

Die Männchen des Großen Abendseglers werben aktiv um die Weibchen. Fliegend oder in ihrer Baumhöhle sitzend, geben sie ihre Liebesgesänge zum Besten. Verstärkt wird ihr Werben durch den Duft der Bucaldrüsen, die in der Paarungszeit Moschusgeruch produzieren. Bei Abendseglerweibchen ist dieser Mundgeruch sehr begehrt.
Die Paarung findet sitzend oder hängend im Quartier statt. Eine lebenslange Bindung gehen die Tiere dabei nicht ein. Die Weibchen paaren sich mit verschiedenen Männchen, deren Sperma sie in der Gebärmutter speichern.

Nach der Jungenaufzucht ist wieder Paarungszeit (unten: Mausohrpaar). Die Weibchen der Großen Abendsegler (links) ziehen ihre Jungen gerne im Norden auf und wandern im Herbst zur Paarung gen Süden. Dort warten schon die Männchen mit ihren Liebesgesängen auf sie.

Findlinge

Jungtiere, die in Not geraten, sind nicht unbedingt Waisen. Manchmal fallen sie aus dem Quartier (siehe links: Mückenfledermausjunges mit Mutter). Krankheit, Hitze, aber auch Unachtsamkeit sind mögliche Ursachen.

Warum kommen die Nachtjäger in Not?

Die größte Gefahr für Fledermäuse sind Katzen, die sie fangen und verletzen (siehe Seite 21). Zudem werden oft bei Bauarbeiten am Dach, der Außenverkleidung oder beim Einbau neuer Fenster Fledermäuse freigelegt. Im kalten Frühjahr, wenn Bäume gefällt werden, wurde schon manche friedlich schlafende Abendseglerkolonie unsanft durch die Motorsäge geweckt.

Zunehmend werden auch die nützlichen Mückenklebefallen nicht nur für die Beute der Nachtjäger, sondern für sie selbst zur tödlichen Falle. Und dann gibt es noch die zahlreichen Jungtiere, die aus ihrer Kolonie gefallen sind. Sie liegen entweder direkt unter dem Einflugloch oder werden von Katzen verschleppt und irgendwo liegen gelassen.

Es gibt viele Gründe, warum ein Jungtier aus dem Quartier fallen kann: etwa aus Unachtsamkeit oder wenn ein Jungtier von der Mutter verstoßen wurde, weil die Muttermilch nicht für zwei Jungen reicht. Oder aber wenn das Tier krank ist oder zu große Hitze im Quartier herrscht. Es kommt auch vor, dass Mütter nachts verunglücken. Die anderen Fledermausmütter der Wochenstube adoptieren fremde Kinder nicht, denn sie haben mit ihren eigenen genug zu tun. Für den Fall, dass das Junge aus Unachtsamkeit aus dem Quartier gefallen ist, gibt es die Möglichkeit der Rückvermittlung an die Mutter (siehe Seite 73). Eine Rückvermittlung sollte in der Dämmerung oder am frühen Morgen erfolgen, wenn die Mütter aus- oder bevor diese wieder ins Quartier zurückfliegen. Allerdings können nur Jungtiere bis zu einem gewissen Alter rückvermittelt werden.

Kurzfristige Notaufnahme

Wenn man eine Fledermaus findet, sollte man eine der Nottelefonnummern für Fledermäuse wählen. Tierärzte, Polizei oder Feuerwehr können in der Regel nicht helfen. Ist bei der Fledermaushilfe niemand erreichbar, dann dient ein Schuh- oder ein anderer gut abdeckbarer Karton als Notunterschlupf. Kleine Luftlöcher im Deckel des Kartons sorgen für Frischluft. Vogelkäfige oder Tiertransportboxen sind nicht als Fledermausnotunterkunft geeignet!

Niemals sollte man Wildtiere ohne Eigenschutz anfassen. Fledermäuse können Tollwut übertragen, auch wenn sie nur selten daran erkranken. Trotzdem geht Eigenschutz bei aller Tierliebe immer vor, und nach Kontakt mit Wildtieren sollte man sich immer die Hände waschen.

Die Fledermaus kann man mit einem kleinen Handtuch, einem Lappen oder Handschuh ganz umfassen und in den Karton setzen. Außerdem mögen alle Nachtjäger außer der Hufeisennase eine Versteckmöglichkeit. Dafür ist ein Kuscheltuch oder auch eine Klopapierrolle geeignet, die von einer Seite mit Papier gefüllt wurde. Da die Tiere meist sehr durstig sind, ist es wichtig, eine Wasserschale in den Karton zu stellen. Dazu eignet sich ein mit Leitungswasser gefüllter Schraubdeckel. Auch eine Traubenzuckerlösung kann helfen. Den Findling zu füttern, sollte man allerdings den Experten überlassen.

Für eine Notunterkunft eignet sich ein luftdurchlässiger Karton mit Deckel. Ein kleines Tuch und eine leere Klopapierrolle bieten eine gute Versteckmöglichkeit. Trinken kann der Findling (rechts: Graues Langohr) aus einem mit Wasser gefüllten Schraubdeckel.

Erste Hilfe für ganz kleine Mäuse

Ist der Findling noch nackt und blind, dann ist er erst wenige Tage alt. Nur bei der Zwergfledermaus öffnen sich die Augen wenige Tage nach der Geburt, und das Fell beginnt zu wachsen.
An einem heißen Sommertag ist Eile geboten, damit der Säugling nicht verdurstet. Als Finder kann man versuchen, dem Kleinen etwas lauwarmes Wasser einzuflößen. Dazu nutzt man ein gut mit Wasser getränktes Wattestäbchen oder einen Stoffzipfel, an dem der Säugling nuckeln kann. Dem Findling sollte man unter keinen Umständen normale Milch geben, die führt meist zu irreparablen Verdauungsproblemen.

Einem neugeborenen, noch nackten Fledermausfindelkind kann man Unterschlupf gewähren, indem man es in einen kleinen luftdurchlässigen Stoffbeutel oder einen Waschhandschuh steckt. Man sollte es in einen kühlen Raum bringen, zum Beispiel in den Keller. Die niedrigen Temperaturen versetzen das Jungtier in den Sparmodus, und das Kleine hält länger durch, bis die richtige Nahrung oder eine Pflegestelle gefunden wird. Auch in der freien Natur versuchen die Mütter, ihre Kleinen kühl zu halten, wenn das Futterangebot zu klein ist.

Findet man einen noch nackten Säugling (rechts: Bechsteinfledermaus) an einem heißen Sommertag, dann besteht Verdurstungsgefahr. Man kann versuchen, dem Kleinen ein wenig Wasser einzuflößen.

Zur Rückvermittlung an die Mutter gibt es unterschiedliche Methoden: mit dem Findling auf der Hand (links: Abendsegler) oder dem Flaschenturm (unten: Zwergfledermaus). In beiden Fällen regt die Wärme das Junge zum Rufen an.

Die Rückvermittlung

Die beste, wenn auch ungewöhnlichste Methode der Rückvermittlung ist das Anbieten des Jungtiers auf der Hand. Dazu setzt man das Fledermausjungtier in die leicht gewölbte, ausgestreckte Handinnenseite. In der warmen Hand fängt es sofort an, nach der Mutter zu rufen. Hört die ausfliegende Mutter das Schreien ihres Kindes, kommt sie herangeflogen, landet und wartet, bis sich ihr Jungtier an der Zitze festgesaugt hat. Dass das Fledermauskind nach Mensch riecht, ist dabei kein Problem, der Mutterinstinkt ist stärker! Bei dieser Methode sollte man nur nicht allzu schreckhaft sein, denn auch andere Fledermausmütter kommen möglicherweise angeflogen, um zu sehen, ob es sich bei dem schreienden Kind um ihr eigenes handelt.

Eine andere Möglichkeit, bei der kein Körperkontakt zu den Tieren notwendig ist, bietet die Flaschenmethode. Hierzu wird eine PET-Literflasche mit warmem Wasser gefüllt und ein Strumpf darübergezogen. Die so präparierte Flasche wird in eine niedrige Wanne gesetzt und mit dem Jungtier obenauf auf eine etwas erhöhte Stelle, zum Beispiel auf einer großen Mülltonne, unterhalb des Kolonieausfluges aufgestellt. Das Wasser hält das Jungtier warm, wodurch es schreit, und die Flasche steht gefüllt stabiler. Außerdem kann die Mutter an die in die Höhe ragende Flasche gut anfliegen, und die Wanne verhindert, dass das Jungtier runterfällt oder davonkrabbelt.

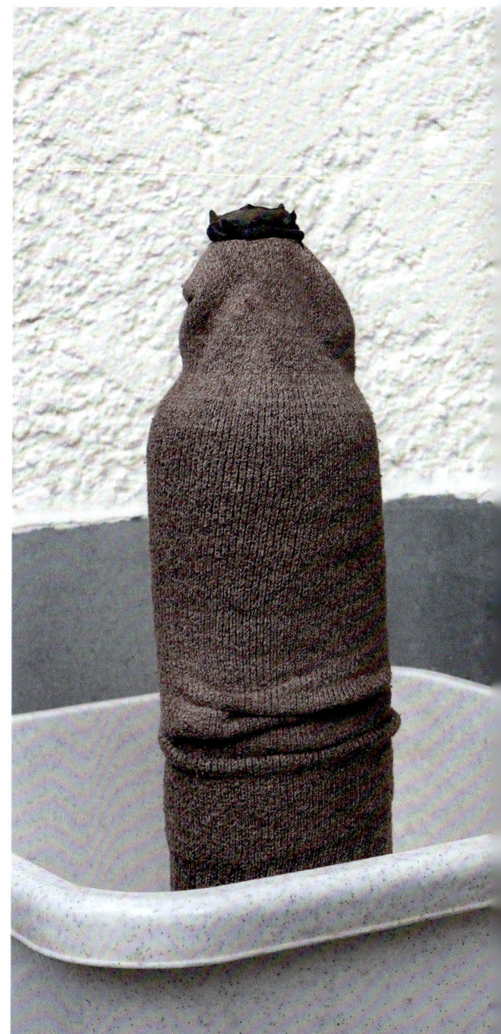

Diese Methoden sollten nur am Abend und eventuell am frühen Morgen, bevor die Mütter wieder ins Quartier einfliegen, durchgeführt werden. Nur wenn das Jungtier mit geeigneter Milch tagsüber gefüttert wird, kann man einen zweiten Versuch am folgenden Abend wagen. Ansonsten muss der Findling in erfahrene Hände abgegeben werden.

Rechts oben: Ausrüstung für die Aufzucht mit junger Bartfledermaus. Die Kleinen werden regelmäßig gefüttert (Mitte: Zwergfledermaus), danach schlafen sie (unten: Bechsteinfledermaus).

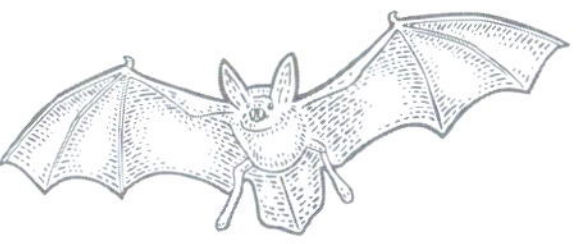

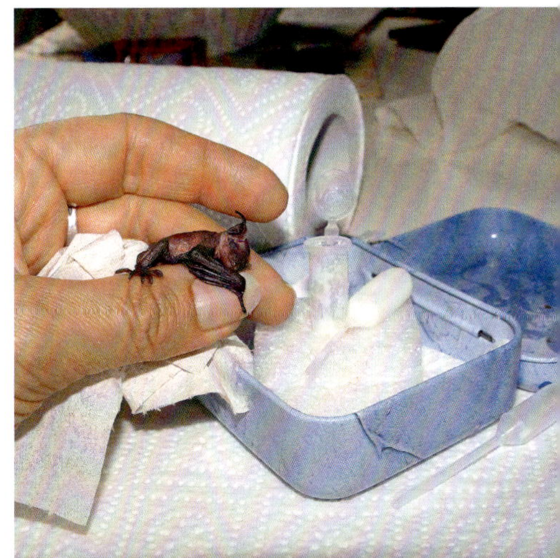

Die Aufzucht

Konnte das Jungtier nicht rückvermittelt werden, sollte man sich ernsthaft Gedanken machen, ob das Tier der natürlichen Auslese überlassen oder von einer erfahrenen Person von Hand aufgezogen werden soll. Spezielle fettreiche Welpen-Instantmilch ersetzt ganz gut die Muttermilch. Die Fütterungsintervalle richten sich nach dem Alter des Findlings. Neugeborene bekommen alle zwei Stunden ihre Pipette mit Milch, ältere Jungtiere nur alle drei Stunden. Später wird alle vier Stunden gefüttert. Der Säugling lernt sehr schnell, dass die neue Zitze etwas härter ist als die der Mutter und dass man daran nicht saugen muss. Außerdem ist die Milchbar nicht ständig verfügbar, dafür sind die Mahlzeiten größer.

Um die Ersatzmutter bei Laune zu halten, gibt es nachts für alle Milchlinge eine sechsstündige Futterpause. Auch nicht jede Fledermausmutter kommt mehrmals nachts zum Säugen ins Quartier zurück. Immer aber muss genügend Wärme vorhanden sein. Die Erfahrung hat gezeigt, dass für ein normales Wachstum gleichmäßige Wärme Tag und Nacht notwendig ist. Mit menschlicher Körperwärme wachsen die Ziehkinder eindeutig besser heran. Neugeborene und wenige Pfleglinge werden deshalb am Körper getragen, wenn auch nie direkt auf der Haut. Ein kleiner Baumwollbeutel mit Tunnelzug oder ein Waschhandschuh tun da gute Dienste. Ob der Beutel um den Hals gehängt, am Hosenbund befestigt oder in der Hemdtasche getragen wird, spielt keine Rolle. Der Vorteil dieser Känguru-Methode ist, dass der Säugling überallhin mitgenommen werden kann. Dank Instantmilch und gefüllter Thermoskanne können so auch die Fütterungsintervalle exakt eingehalten werden. Man sollte nur aufpassen, dass der Beutel nicht zu sehr gedrückt wird. Ein Stück einer leeren, mit etwas Papier gefüllten Toilettenpapierrolle stabilisiert das Säckchen.

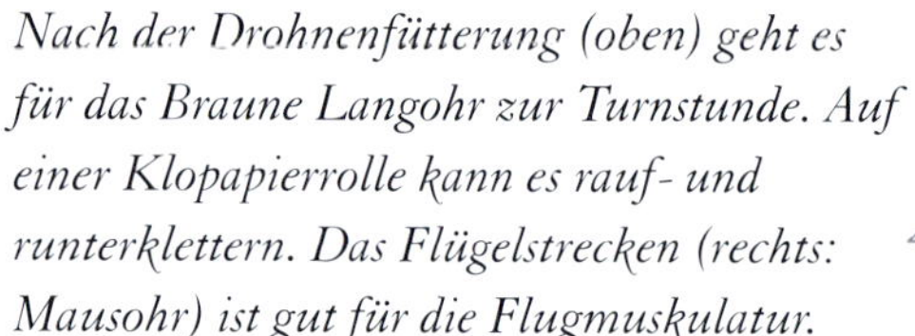

Nach der Drohnenfütterung (oben) geht es für das Braune Langohr zur Turnstunde. Auf einer Klopapierrolle kann es rauf- und runterklettern. Das Flügelstrecken (rechts: Mausohr) ist gut für die Flugmuskulatur.

Körperpflege

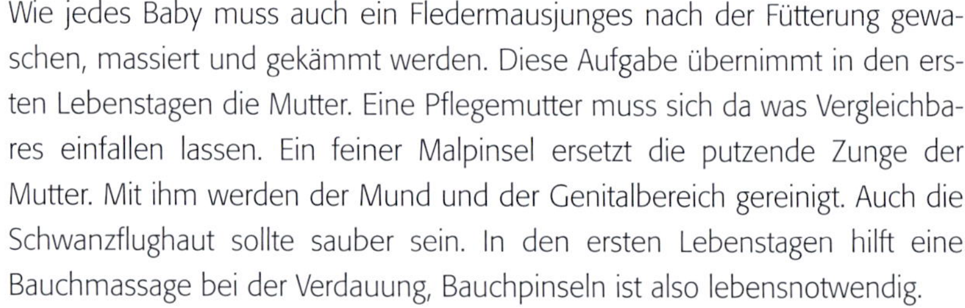

Wie jedes Baby muss auch ein Fledermausjunges nach der Fütterung gewaschen, massiert und gekämmt werden. Diese Aufgabe übernimmt in den ersten Lebenstagen die Mutter. Eine Pflegemutter muss sich da was Vergleichbares einfallen lassen. Ein feiner Malpinsel ersetzt die putzende Zunge der Mutter. Mit ihm werden der Mund und der Genitalbereich gereinigt. Auch die Schwanzflughaut sollte sauber sein. In den ersten Lebenstagen hilft eine Bauchmassage bei der Verdauung, Bauchpinseln ist also lebensnotwendig.

Wenn das Fell langsam sprießt, wird auch dieses nach jeder Fütterung einer eingehenden Reinigung mit dem Pinsel unterzogen. Anschließend wird es mit einer weichen Zahnbürste gekämmt. Ein Bad in lauwarmem Wasser hilft, größere Verschmutzungen zu entfernen, aber in jedem Fall ohne Babyshampoo. Trockentupfen oder vorsichtiges Rubbeln im Handtuch sind ebenso angesagt.

Strecken und Dehnen – Fliegen will gelernt sein

Nach dem Füttern folgt die Gymnastikstunde, die nur wenige Minuten dauert. Im engen Waschlappen oder Beutel ist dafür zu wenig Platz. Als Gymnastikmatte ist eine Klopapierrolle geeignet. Hier können die Jungtiere rauf- und runterklettern und auch Verstecken spielen. Nach strecken, dehnen, verstecken und mit den Flügeln schlagen geht es zurück in den warmen Beutel. Bis zur nächsten Fütterung wird geschlafen und geträumt. Meist kurz nachdem die Kleinen wieder am Körper getragen werden, kündigen leichte Zuckungen und Beinstrampeln die eher kurze Traumphase an.

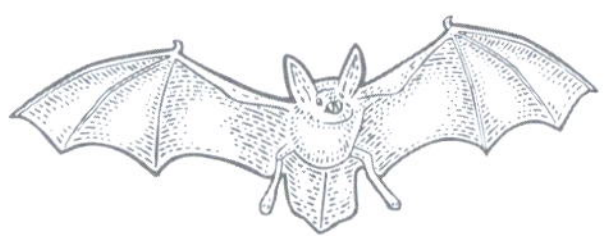

Nach der Drohnenfütterung stehen harte Mehlwürmer oder andere »bissfeste« Insekten auf dem Speiseplan (rechts: Breitflügelfledermaus). Das Futter kann dann als Belohnung für Flugversuche eingesetzt werden.

Das erste Insektenmahl

Wenn das Gebiss fast vollständig entwickelt ist, erfolgt die Nahrungsumstellung. Nun können die Jungtiere ihre Körpertemperatur schon selbst regulieren. Um den Kleinen den Übergang zwischen Milchmahlzeit und Hartfutter etwas angenehmer zu gestalten, bekommen sie 1–2 Tage Drohnenbrut serviert. Die männlichen, nicht voll entwickelten Bienenlarven sind die erste festere Nahrung nach der Welpenmilch, und an ihrer Außenhaut kann schon mal Kauen geübt werden. Manche Pfleglinge, denen die harte Hülle zu hart ist, saugen den Inhalt heraus, so wie beim Weißwurstessen.

Nach den süßen Drohnen folgen die harten Mehlwürmer und für manche Jungtiere auch härtere Insekten. Jetzt wird auch vor dem Fressen trainiert, denn erst wer fliegt oder sich zumindest bemüht, bekommt zur Belohnung einen Mehlwurm. Nach weiteren Tagen sind die Kleinen dann voll flugfähig. Je nach individuellen Flugkünsten beansprucht das Training mehr oder weniger Zeit. Am Ende steht bei voll flugfähigen Tieren immer die Auswilderung.

Ob die von Hand aufgezogenen Jungtiere eine Chance haben, in freier Natur zu überleben, kann keiner vorhersagen. Die Jungtiersterblichkeit bei Fledermäusen ist schon bei natürlich aufgewachsenen Jungtieren mit 40–50 % sehr hoch. Sobald eine Fledermaus Freiheit wittert, ist es vorbei mit ihrer Anhänglichkeit, und das ist auch gut so. Eine Prägung auf den Menschen, wie man sie von Gänsen oder Krähenvögeln kennt, gibt es bei Fledermäusen zum Glück nicht.

Jeder »Fledermausersatzmutter« sollte klar sein, dass die Aufzucht keinerlei Auswirkungen auf das Überleben der Art hat. Wir geben den Kleinen nur eine Chance auf Leben in Freiheit, die sie ohne uns nicht gehabt hätten.

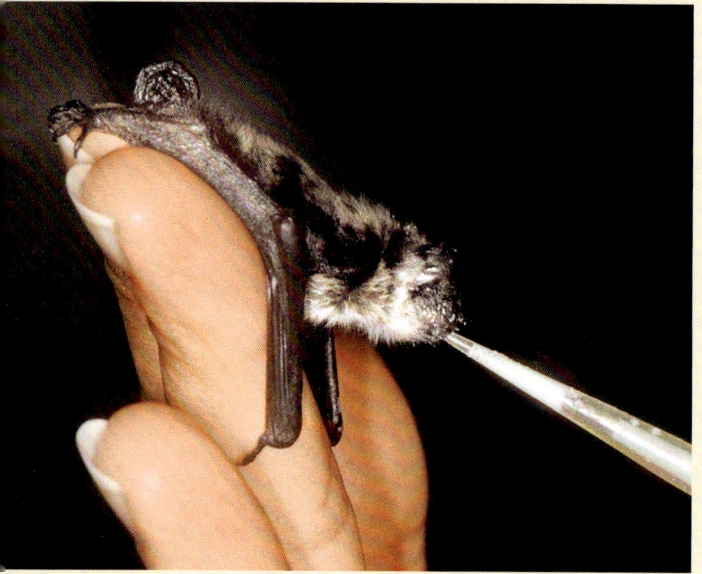

Besondere Pfleglinge

Hugo, die Kleine Bartfledermaus

Hugo (oben) war das erste Jungtier, das ich aufgezogen habe. Er wurde unter einem Fensterladen auf dem Boden gefunden. Die Rückvermittlung war leider nicht möglich, die Mutter hat ihn nicht mehr abgeholt. Hugo war 14 Tage alt, hatte also Fell, und seine Augen waren geöffnet.

Er entwickelte sich gut. Aber Bartfledermäuse haben schon als Jungtier ihren eigenen Kopf. Er schimpfte viel, wenn ihm was nicht passte, und hatte einen großen Bewegungsdrang. Als er alt genug war, d.h., als sein Gebiss vollständig war, begann das Flugtraining. Bartfledermäuse sind wendige Flieger, und so reichte mein Wohnzimmer völlig aus für seine Flugversuche. Solange er aber die Flughöhe noch nicht halten konnte, musste man gut aufpassen, dass er nach dem Absturz auf den Boden nicht sofort hinter einem Regal oder hinter der Fußbodenleiste verschwand. Nach einer Woche Training war er flugfit und wurde in die Freiheit entlassen.

Die Breitflügelfledermaus Max

Wahrscheinlich wurde Max (unten) als Säugling von einer Katze geschnappt und irgendwo liegen gelassen. Seine Wochenstube war also unbekannt und eine Rückvermittlung nicht möglich. Als ca. 10 Tage altes Jungtier kam Max zu mir, seine Augen waren schon geöffnet, und das Fell begann zu sprießen. Breitflügelfledermäuse, so stellte sich schnell heraus, sind sehr anhängliche Tiere. Max wollte überall dabei sein, die Blusen- und Jackentaschen waren seine Lieblingsplätze, die er nur zum Fressen verließ.

Er wuchs heran, aber schon die ersten Flugversuche zeigten, dass irgendwas nicht mit ihm stimmte. Wenn Max angeflogen kam, konnte man ihn nämlich hören. Gesunde Fledermäuse fliegen aber lautlos. Eine Auswilderung war trotz ausgiebigen Flugtrainings nicht möglich.

Max lebt bis heute in meiner großen Außenvoliere und ist immer noch sehr anhänglich. Seit drei Jahren lebt er in Gesellschaft eines ebenfalls nicht voll flugfähigen Weibchens. Beide verstanden sich von Anfang an gut – sogar so gut, dass Max inzwischen zweimal Vater geworden ist.

Eine Dauerhaltung von Fledermäusen ist nur mit behördlicher Genehmigung möglich.

Lucy, das Große Mausohr

Lucy (links und oben) verlor ihre Mutter schon einen Tag nach der Geburt. Sie war mein erster Pflegling, der noch komplett nackt und blind war, als er zu mir kam. Lucys Milchdurst war gut dreimal so hoch wie bei Hugo. Dank Welpenmilch und Körperwärme entwickelte sie sich gut. Mausohren scheinen gerne und lange an der Zitze der Mutter zu nuckeln, denn Lucy war immer auf der Suche nach einem Schnuller. Schließlich gab sie sich mit dem Frotteetuch als Schnullerersatz zufrieden. Nach fünf Wochen Milchschoppen wurde es Zeit für Insektennahrung. Drohnen fraß sie mit Genuss im Ganzen, während anderen Pfleglingen die Hülle zu hart ist. Mehlwürmer fand Lucy gut, aber Käfer, Spinnen oder Hundertfüßer waren ihr zu wehrhaft.
Schon sehr früh begann Lucy mit ihren Flügeldehnübungen. Max hatte sich dafür mehr Zeit gelassen. Das regelmäßige Strecken sorgte für eine gute Flugmuskulatur. Nach zwei Wochen Training war sie fit für den Ernst des Lebens. Wir setzten sie in eine Mausohrwochenstube, wo sie gut aufgenommen wurde. Eine Nachkontrolle zwei Tage später zeigte, dass sie bereits Jagderfolg gehabt hatte, denn ihr Kot enthielt Käferteile.

Catweazle, das Braune Langohr

Catweazle (unten und rechts) wurde im Alter von 16 Tagen Waise. Vielleicht kennt noch jemand den etwas schrulligen Zauberer aus der gleichnamigen Fernsehserie. Ich fand den Namen jedenfalls sehr passend für diesen skurrilen Kerl. Gerade bei Langohren nämlich sind die Körperproportionen im Kindesalter sehr ungewöhnlich. Das Tier scheint fast nur aus Ohren und großen Füßen zu bestehen. Meist hingen seine großen Lauscher wie bei einem Schlappohrhasen herunter. Das typische Verhalten der Langohren, leicht hektisch und sehr unruhig, zeigte sich bei Catweazle schon früh.

Mit ihren großen Ohren nehmen diese Nachtjäger schon die leisesten Krabbel- oder Fluggeräusche von Beute wahr. Deshalb werden sie bei unbekannten Geräuschen schnell nervös.

Catweazle entwickelte sich gut. Langohren können wie ein Kolibri auf der Stelle fliegen, und mein Pflegling übte kräftig in seinem Flugkäfig, bis er ausdauernd fliegen konnte.

Das Umstellen des Futters auf Insekten war nicht so einfach. Mehlwürmer waren zu hart für das zarte Schmetterlingsgebiss. Erst nachdem Catweazle mit Bienendrohnen langsam auf den Geschmack gekommen war, freundete er sich mit kleinen Mehlwürmern als Futter an. Zusammen mit einem gesund gepflegten Langohrweibchen wurde er in die Freiheit entlassen. Das Weibchen hatte Catweazle in den letzten Tagen vor der Auswilderung bereits unter die Fittiche genommen. Gute Startbedingungen ins neue Leben.

Für die Auswilderung wird ein Fledermauskasten (unten) an einem Baum oder an einem Gebäude befestigt. Gut gefüttert und mit etwas Vitaminpaste gestärkt, werden die Kleinen in den Kasten gesetzt. So können sie selbst entscheiden, wann sie wegfliegen möchten. Am nächsten Tag, so zeigt meine Erfahrung, ist der Kasten fast immer leer. Auch Hugo und Catweazle haben den Kasten noch in der Nacht verlassen und sind nicht mehr zurückgekehrt.

Jede Auswilderung von selbst aufgezogenen Jungtieren ist mal mehr, mal weniger mit Wehmut verbunden. Aber meist überwiegt die Freude darüber, die Tiere wieder in die Natur entlassen zu können. Und ehrlich gesagt ist es auch ganz nett, mal wieder mehr als nur 5–6 Stunden pro Nacht schlafen zu können.

Leben in freier Natur

Hugo (oben), Max, Lucy und viele weitere namenlose Jungtiere habe ich aufwachsen sehen und anschließend ausgewildert.

Selten ist es möglich, die Findlinge wieder in eine Kolonie ihrer Art zu setzen. Oft sind keine Kolonien im Umkreis bekannt, oder die Schlafplätze sind so unzugänglich, dass man die Pfleglinge nicht hineinsetzen kann. Nur bei Mausohren und bei Langohren, die frei im Dachstuhl hängen, ist eine Rückvermittlung direkt in eine Kolonie möglich. Ansonsten muss man sich damit behelfen, die Findlinge in Jagdgebiete der entsprechenden Arten auszuwildern. Zur Auswilderung von Jungtieren liegen wenige Untersuchungsergebnisse vor. In einer der wenigen Studien, für die die Pfleglinge mit kleinen Sendern versehen wurden, konnte gezeigt werden, dass Jungtiere auch in fremde Kolonien aufgenommen wurden.

Kleines Hilfsprogramm
für Fledermäuse

Ein Garten für Fledermäuse

Ein fledermausfreundlicher Garten hat viele Blütenpflanzen, die bei Nachtfaltern beliebt sind und somit Futter für die Nachtjäger liefern. Einheimische Pflanzen sind in der Regel besser geeignet als nicht einheimische Pflanzen. Auch die im Garten sonst verpönte Brennnessel ist eine gute Futterpflanze für Schmetterlingsraupen. Viele Falterarten legen ihre Eier sogar nur an Brennnesselblättern ab. In einem fledermausfreundlichen Garten werden keine Insektizide eingesetzt.

Nachts sollte der Garten dunkel sein und nicht von vielen Solarlampen ausgeleuchtet werden. Schließlich sind die meisten Fledermausarten lichtscheu, die mausohrartigen Fledermäuse ganz besonders.
Kleingewässer im Garten fördern den Insektenreichtum, und wenn sie groß genug sind, können Fledermäuse auch aus ihnen trinken. Dazu brauchen sie allerdings einen freien An- und Abflug, denn Fledermäuse trinken wie Schwalben im Flug.

In einem fledermausfreundlichen Garten dürfen alte und abgestorbene Bäume nicht fehlen. In Spechtlöchern, Spalten, an Bäumen hinter abgeplatzten Rinden oder in ausgefaulten Astlöchern finden Fledermäuse dunkle Schlafplätze.

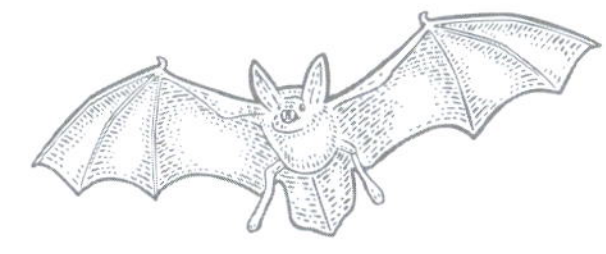

Fledermauskästen im Garten bieten den Nachtjägern Unterschlupf. Flachkästen (unten links) dienen dabei als Spaltenquartiere, Rundkästen (unten rechts) dagegen werden wie Baumhöhlenquartiere genutzt.

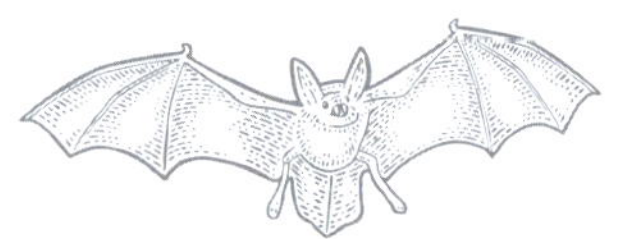

Gewässer sind wichtige Nahrungsgebiete für Fledermäuse. Hier ist eine Wasserfledermaus auf ihrem Jagdflug über einem Gartenteich zu sehen.

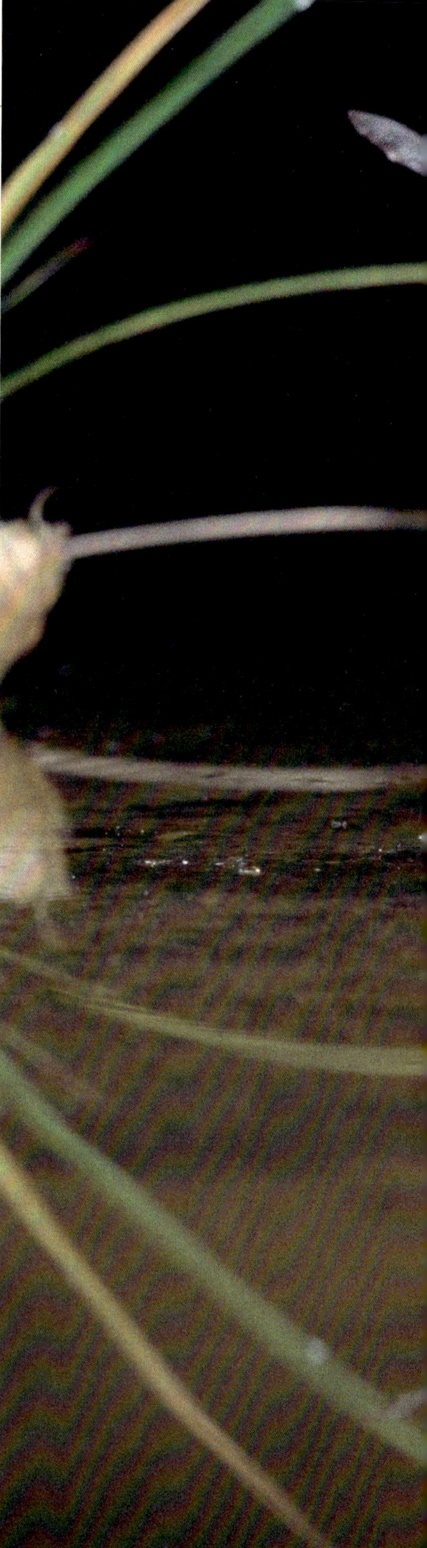

Fledermausbungalows

Um das Wohnungsangebot im Garten zu vergrößern, kann man Fledermauskästen (siehe Seite 87) aufhängen. Das Angebot reicht von Bausätzen bis hin zu fertigen Fledermauskästen aus Holzbeton. Ein Kasten aus Holz von Laubbäumen wie Eiche ist bei den Nachtjägern beliebter als ein Tagesquartier aus Nadelholz, aber leider auch teurer.

Es gibt zwei Typen von Fledermauskästen. Flachkästen sollen als Spaltenquartiere fungieren und müssen in der Regel auch nicht gereinigt werden, da der Kot ohnehin unten rausfällt. Rundkästen dagegen sollen Baumhöhlenquartiere imitieren und werden, wenn die Fledermäuse das Kastenmodell schon kennen, normalerweise sofort besiedelt. In einen handelsüblichen Rundkasten passen bis zu 40 mittelgroße Fledermäuse.

Baumhöhlen bewohnende Fledermäuse ziehen oft täglich um. Nur wenn man im Garten mehrere Kästen aufhängt, hat die langfristige Quartierschaffung Erfolg. Deshalb sollten 4–5 unterschiedliche Kästen im Umkreis von maximal 500 Metern mit Ausrichtung nach Osten oder Südosten aufgehängt werden. Das Anflugloch oder -brett jedes Kastens sollte frei zugänglich sein. Am besten werden die Kästen am Baumstamm angebracht, und zwar unterhalb der Verzweigung der Äste. Die Aufhanghöhe ist nicht von großer Bedeutung. Eine Höhe von zwei oder drei Metern über dem Boden eignet sich gut, um die Rundkästen im Herbst oder Frühjahr reinigen zu können.

Heimische Blütenpflanzen im Garten ziehen Insekten an und bieten den Nachtjägern somit indirekt Futter. Ein einfacher Holzstab in einer Regentonne hilft Tieren, wieder aus dem glattwandigen Gefäß zu entkommen.

Tödliche Fallen im Garten

Die fledermausfreundlichste Bepflanzung im Garten und auf dem Balkon hilft nichts, wenn dort gleichzeitig tödliche Fallen lauern. Junge, unerfahrene Fledermäuse fallen beim Versuch, aus Regenwassertonnen zu trinken, oft hinein. Da die ausgestreckten Flügel für genügend Auftrieb sorgen, gehen sie nicht unter. Die Bruchpiloten kühlen aber schnell aus, weil ihr Fell nicht wasserfest ist. Bei den glatten Wänden der Tonnen helfen auch ihre scharfen Krallen nicht, um zu entkommen. Deckt man die Tonne mit einem Gitter oder einen Deckel ab, kann den Fledermäusen dieses Schicksal erspart werden. Soll die Tonne offen bleiben, kann man einen Kletterstab aus Holz hineinstellen. Auch andere Tiere, vor allem Insekten, profitieren von dieser Lösung.

Glattwandige, leere Gefäße im Garten und auf dem Balkon, wie Keramiktöpfe, Eimer oder Wannen, sollten mit der Öffnung nach unten gelagert werden. Die Krallen versagen auch hier, und wie ein Hubschrauber aus dem Stand zu starten, vermag nicht einmal eine Fledermaus. Es kann sogar sein, dass andere Fledermäuse die Hilfeschreie des gefangenen Artgenossen hören und zu Hilfe kommen. Dann ereilt sie das gleiche Schicksal. Nach zwei oder drei Tagen ohne Wasser verdurstet eine Fledermaus.

Eine weitere Falle für Fledermäuse können Klebefliegenfänger sein. Zwar sind sie aus ökologischen Gründen dem Insektizid aus der Dose vorzuziehen, aber leider locken zappelnde, festgeklebte Insekten Fledermäuse an. Beim Versuch, ihren Leckerbissen abzufangen, erleiden sie das gleiche Schicksal wie ihre Beute.

Tipps zur Beobachtung

Gartenbesitzer haben oft das Glück, bei Dämmerung Zwergfledermäusen dabei zusehen zu können, wie sie ihre Runden drehen. Wer diese Möglichkeit nicht hat, für den sind nahe Gewässer, ein Bachlauf oder ein See die richtige Adresse. Auch alte Friedhöfe sind beliebte Jagdgebiete für tierische Nachtjäger jeglicher Art. Eine gute Zeit für die Fledermausbeobachtung ist Ende Mai bis Mitte Juli.

Ohne Fledermausdetektor wird es aber nicht einfach, die Tiere bei Dunkelheit zu sehen. Mit der Taschenlampe zu leuchten, ist keine Option, da fast alle Fledermäuse Licht scheuen. Spezielle Rotlichttaschenlampen, die man im Handel für Jagdbedarf bekommt, werden von einigen Arten toleriert.

Auch an einer geführten Fledermausexkursion kann man teilnehmen. Viele Naturschutzvereine bieten solche Nachtexkursionen an. Hier lernt man, was bei der Beobachtung wichtig ist, welche Geräte sinnvoll sind, und man schult gleichzeitig sein Auge. Die Experten haben vielleicht auch Tipps, wo in der Nähe man Fledermäuse gut beobachten kann. Es macht nicht nur Spaß, die faszinierenden Nachtjäger zu entdecken und ihnen zuzusehen, sondern es ist auch wichtig, dass wir den schützenswerten Lebewesen unsere Aufmerksamkeit schenken.

Mittels Detektoren (links) können die Ultraschalllaute der Fledermäuse für uns hörbar gemacht werden. Fledermäuse lassen sich gut bei geführten Exkursionen oder in der Nähe von Gewässern beobachten.

Infoquellen

Online

www.nabu.de/tiere-und-pflanzen/saeugetiere/fledermaeuse

https://www.nabu.de/natur-und-landschaft/aktionen-und-projekte/naturschaetze/19124.html

www.lbv.de/naturschutz/artenschutz/saeugetiere/fledermaeuse

www.fledermausschutz.de

www.fledermausschutz.ch

www.noctalis.de

Ein Besuch des Fledermaushauses »Noctalis« in Bad Segeberg lohnt sich. Ebenso spannend ist ein Besuch in der »Fledermaus-Welt« der Stiftung Fledermausschutz Schweiz im Zoo Zürich.
Infos unter: fledermaus@zoo.ch

Tipp: Eine gute deutschsprachige App für Fledermausfreunde vom Schweizer Fledermausschutz ist »Swiss Bats«

Literatur

Diehl, Dirk: Ein Garten für Fledermäuse, pala Verlag

Richarz, Klaus: Fledermäuse, Kosmos Verlag

Danksagung

Bedanken möchte ich mich bei den vielen ehrenamtlichen Helfern im Fledermausschutz für ihre Arbeit, Unterstützung und Freundschaft über die letzten Jahre.
Bei Prof. Hans-Ulrich Schnitzer, der mir viel Freiheit bei der Fledermausforschung gelassen und mir einen tiefen Einblick in die Echowelt der Fledermäuse gegeben hat.
Bei Dietmar Nill für die tollen Fledermausfotos und die gute Zusammenarbeit bei verschiedenen Fledermausprojekten.
Besonderer Dank geht an meinen guten Freund Otto von Hofmann für dessen Unterstützung beim Schreiben dieses Buches und dessen Garten immer ein Ort der Inspiration ist.
Elena Gabler für die konstruktive und sehr angenehme Zusammenarbeit.

Bildnachweis

Cover (U1): Ralph Sturm
Cover (U4): Dietmar Nill
Arco Images: 6, 15, 20, 52, 59-2, 61, 64/65, 74, 79; Getty Images: 29; iStockfoto: 5 ff.; Ingrid Kaipf: 1, 10, 24-2, 45-1, 49, 56, 60, 63, 68, 69, 73-1, 73-2, 75-1, 75-2, 75-3, 76-1, 76-2, 77, 80-1, 80-2, 81-1, 81-2, 82-1, 82-2, 83-1, 83-2, 90; Hans-Martin Kochanek: 92; Dietmar Nill: 2/3, 4-1, 4-2, 8/9, 12, 13-1, 13-2, 16, 17, 18-1, 18-2, 19, 22, 24-1, 24-3, 25, 26, 27, 30/31, 32, 34-1, 34-2, 34-3, 35, 36, 37, 39, 40-1, 40-2, 41, 42/43, 44, 45-2, 48, 50, 53, 54/55, 57-1, 57-2, 59-1, 62, 66, 71, 84/85, 86, 89, 93, U4-1, U4-2, U4-3; Okapia: 70; Manfred Reusch: 21-2; Shutterstock: 4-3, 4-4, 21-1, 38, 47, 58, 72, 87-1, 87-2;

Impressum

Über die Autorin

Ingrid Kaipf (siehe Bild S. 92) ist Fledermaus-Expertin und in vielen Organisationen zum Schutz der Fledermaus aktiv. So ist sie unter anderem Mitglied im Expertengremium des NABU und des Bundesverbandes für Fledermauskunde Deutschland e. V. und Vorsitzende der Arbeitsgemeinschaft Fledermausschutz Baden-Württemberg e. V. Ingrid Kaipf widmet sich nicht nur der Erkundung der Fledermaus, ihrem Schutz und der Aufzucht von Fundtieren, sondern ist auch als Naturpädagogin und Fachgutachterin tätig.

Ein Unternehmen der
GANSKE VERLAGSGRUPPE

Projektleitung und Lektorat: Elena Gabler
Bildredaktion: Adriane Andreas
Korrektorat: Annette Baldszuhn
Umschlag, Layout und Satz: griesbeckdesign, Dorothee Griesbeck, München
Herstellung: Mendy Willerich
Repro: Longo AG, Bozen
Druck und Bindung: Firmengruppe APPL, aprinta druck, Wemding

ISBN 978-3-8354-1903-2

1. Auflage 2019

Umwelthinweis: Dieses Buch ist auf PEFC-zertifiziertem Papier aus nachhaltiger Waldwirtschaft gedruckt.

Wichtiger Hinweis

Das vorliegende Buch wurde sorgfältig erarbeitet. Dennoch erfolgen alle Angaben ohne Gewähr. Weder Autor noch Verlag können für eventuelle Nachteile oder Schäden, die aus den im Buch vorgestellten Informationen resultieren, eine Haftung übernehmen.

Liebe Leserin und lieber Leser,

wir freuen uns, dass Sie sich für ein BLV-Buch entschieden haben. Mit Ihrem Kauf setzen Sie auf die Qualität, Kompetenz und Aktualität unserer Bücher. Dafür sagen wir Danke! Ihre Meinung ist uns wichtig, daher senden Sie uns bitte Ihre Anregungen, Kritik oder Lob zu unseren Büchern. Haben Sie Fragen oder benötigen Sie weiteren Rat zum Thema? Wir freuen uns auf Ihre Nachricht!

Wir sind für Sie da!
Montag – Donnerstag:
9.00–17.00 Uhr
Freitag:
9.00–16.00 Uhr

Telefon: 00800 / 72 37 33 33*
Telefax: 00800 I 50 12 05 44*
Mo–Do: 9.00–17.00 Uhr
Fr 9.00–16.00 Uhr
(*gebührenfrei in D, A, CH)
E-Mail: leserservice@graefe-und-unzer.de

GRÄFE UND UNZER Verlag
Leserservice
Postfach 860313
81630 München